海は地球の
たからもの **1**

保坂直紀 著

海は病気に
かかっている

ゆまに書房

海は地球の
たからもの **1**

海は病気にかかっている　もくじ

第1章
海がプラスチックごみでよごれている
4

- 地球というすばらしい星……………………………………… 4
- 地球には青い海がある………………………………………… 5
- 海が病気になっている………………………………………… 5
- 地球のリサイクル……………………………………………… 5
- リサイクルには海も大切……………………………………… 6
- プラスチックは自然のリサイクルに入れない……………… 7
- 大量のプラスチックが使われている………………………… 8
- プラスチックは便利な発明品………………………………… 8
- プラスチックごみは海に流れこむ…………………………… 10
- 川を通って海に出る…………………………………………… 11
- 外国からもやってくる………………………………………… 12
- 生き物を苦しめるプラスチックごみ………………………… 13
- 小さくくだけたマイクロプラスチック……………………… 14
- すでに生き物の体からもみつかっている…………………… 15
- マイクロプラスチックは有害なのか………………………… 16
- できることから始めてみよう………………………………… 17

第2章
海が温まっている
20

　　地球は暖まり続けている……………………………20
　　二酸化炭素が増えすぎた……………………………21
　　海に大気の熱が入ってしまった……………………22
　　熱をたくわえる深海…………………………………24
　　海面が高くなってくる………………………………24
　　海岸ぞいの低い土地は水びたしに…………………25
　　北極の氷が減った……………………………………26
　　北極海が船の通り道になる…………………………28
　　日本海が死の海になる？……………………………30
　　海水が深海に届かない………………………………31
　　高水温でサンゴが死んでしまう……………………32
　　サンゴの「白化」……………………………………32

第3章
海が酸性化している
34

　　わたしたちが海の生き物だったら…………………34
　　「pH」が下がっている………………………………36
　　貝がらをつくりにくくなる…………………………36
　　サンゴの種類が変わってしまう……………………37
　　サンゴ礁の「多様性」が失われる…………………38
　　サンゴは北と南からはさみうちにされる…………39
　　生き物の予測はむずかしい…………………………40

3

第1章

海がプラスチックごみでよごれている

地球というすばらしい星

　地球は、とても変わっためずらしい星です。野原には川が流れ、その水は海にそそぎます。地球上には暑いところも寒いところもありますが、そこにはたくさんの生き物たちが暮らしています。もちろんわたしたち人間も、その生き物の仲間です。水があって、生き物がいる。わたしたちはこの地球で暮らしているので、こんな地球が当たり前の星のように思っていますが、そうではありません。

　いまわたしたちが知るかぎり、こんなすてきな星は地球だけです。

ひまわり9号がとらえた地球

●太陽系の中の地球　惑星の大きさはイメージで、大きさの関係を正確にあらわしていない。

太陽のまわりには、太陽を中心にして回っている8個の星があります。これを「惑星」といいます。地球は、その惑星のうちで太陽に近いほうから3番目です。

地球よりひとつ太陽に近いところを回っている惑星は金星です。金星の気温は460度くらいの高温なので、水もなければ、生き物もいません。地球よりひとつ太陽から遠い惑星は火星です。太陽から遠いのでとても寒く、水は、あったとしても氷です。火星でも、生き物はみつかっていません。

地球には青い海がある

地球は太陽から遠くもなく近くもない、ちょうどよい場所にあります。ですが、それだけでは、こんな星にはなりません。地球には海があります。地球の表面の7割は海です。この海のおかげで、地球の気温は、生き物たちにとってちょうどよいものになっています。陸地で植物が育ったり動物の飲み水になったりするのに必要な雨も、もとはといえば海の水です。海がなければ、こんな豊かな地球にはなりません。海は地球のたからものなのです。

海が病気になっている

そんな海が、いま病気になりかけています。海にはたくさんのプラスチックごみが流れこみ、地球温暖化で海は温まってきています。「酸性化」という現象もおきています。これらはすべて、わたしたちが原因です。わたしたちが海を病気にしているのです。

これから海の三つの病気、すなわち「プラスチックごみ」「地球温暖化」「酸性化」のお話をしていきます。そのまえに、病気になっていない海、病気になっていない地球とはどういうものなのかを説明しておきましょう。

地球のリサイクル

地球は、誕生してから46億年たっています。とてもとても長い時間です。そのあ

いだに、地球はじょうずなリサイクルを手に入れました。「リサイクル」というのは、使い終わったものをこわして原料にして、また新しいものを作ることです。それを使い終わったら、またそこから新しいものを作る。そうしてぐるぐると同じものを使い続けるのがリサイクルです。

みなさんが食べたものは栄養となって体に取りこまれ、生きていくエネルギーになります。そのとき二酸化炭素というガスが発生し、口や鼻からはく息といっしょに捨てられます。植物は、この二酸化炭素を材料にして、太陽の光の力をかりて栄養分を作りだします。その栄養分を、わたしたち動物がまた食べるのです。こうして、ぐるぐると、同じことを繰り返します。

死んだ生き物を土にうめておくと、その体は、バクテリアなどの、とても小さな生き物たちによって分解され、いつかはなくなってしまいます。これを「土にかえる」といいます。それが、たとえば植物が育つための栄養分となって、また利用されるのです。

こうして、地球上のものは、むだなく何度も繰り返し使われ、そして地球はいまの姿をずっとたもってきました。これが自然な状態です。つまり、地球は大昔から自然のリサイクルで成り立ってきたのです。

リサイクルには海も大切

このリサイクルのためには、海はとても重要です。海面の近くには植物プランクトンという小さな生き物がいて、やはり二酸化炭素から栄養分を作りだしています。海

● 地球のリサイクル

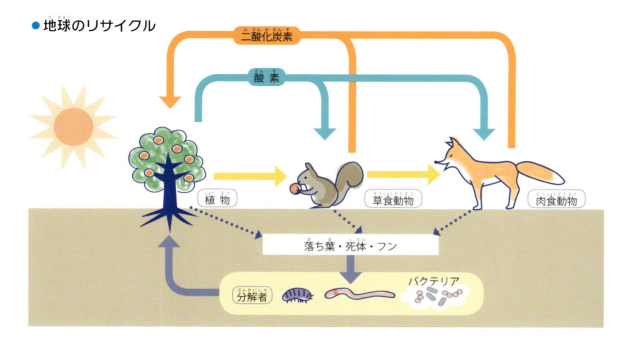

● 水の循環

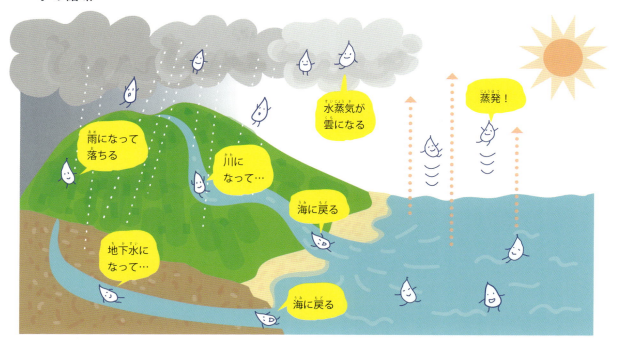

面から蒸発した水は、やがては雨になってふってきます。海にふる雨もあるし、陸にふった雨は川となって海にそそいでいます。

こうして、海をふくむ地球の全体が、さまざまな自然のリサイクルを通してずっと変わらない豊かな状態でいること。それが、病気ではない健康な地球と海なのです。

プラスチックは自然のリサイクルに入れない

みなさんは、プラスチックを知っていますか。ふでばこやボールペン、冷たい水の入ったペットボトル、マヨネーズをしぼりだす容器、スーパーでわたされるレジ袋……。これらのほとんどがプラスチックでできています。わたしたちの身の回りは、プラスチックでいっぱいです。

プラスチックは、石炭や石油などから人間が作りだした物質です。もともと自然界にはなかった物質なので、土にうめておいても、自然に土にかえることはありません。プラスチックを分解してくれるバクテリアがいないのです。使い終わってごみになったプラスチックが、野菜くずや肉、魚のような生ごみと違うのは、その点です。

プラスチックは、そのへんに放っておいても、やがては自然に分解されて、またつぎにできるものの原料になる——という自然のリサイクルに入ることはできません。プラスチックは、ごみとして捨てられると、わたしたちがきちんと処理しないかぎり、いつまでたってもプラスチックごみのままなのです。

大量のプラスチックが使われている

　いま、そのプラスチックごみが大量に海に流れこんで、海をよごし続けていることが、大きな問題になっています。プラスチックは自然に分解されることはないので、いつまでたっても、ごみのまま海をただよい続けるわけです。

　プラスチックが最初に発明されたのは1907年です。そして、1950年代から大量に使われるようになってきました。1950年から2015年までのあいだに、世界中で83億トンのプラスチックが生産されました。生産量は増え続けていて、現在は1年間に4億トンも作られています。

プラスチックは便利な発明品

　このように、プラスチックがたくさん使われるようになったのは、なんといっても安くて便利だからです。

　コンビニで買う弁当を思い出してください。たいていは、プラスチックの容器に入っています。容器の下半分は色がついていて不透明で、ふたの部分は透明です。ふたを開けなくても中が見えるので便利です。自動販売機で売っている水やジュースも、プラスチックの一種であるペットボトルに入っています。このように、使う目的によって、いろいろな性質をもったプラスチックを作ることができます。

　このように安くて使いやすいプラスチッ

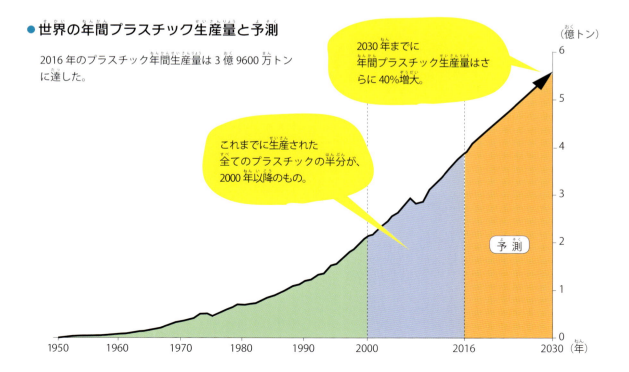

●世界の年間プラスチック生産量と予測

2016年のプラスチック年間生産量は3億9600万トンに達した。

2030年までに年間プラスチック生産量はさらに40%増大。

これまでに生産された全てのプラスチックの半分が、2000年以降のもの。

● わたしたちの生活で使われているプラスチック　朝起きてから寝るまでの小学生の一日を見てみよう。

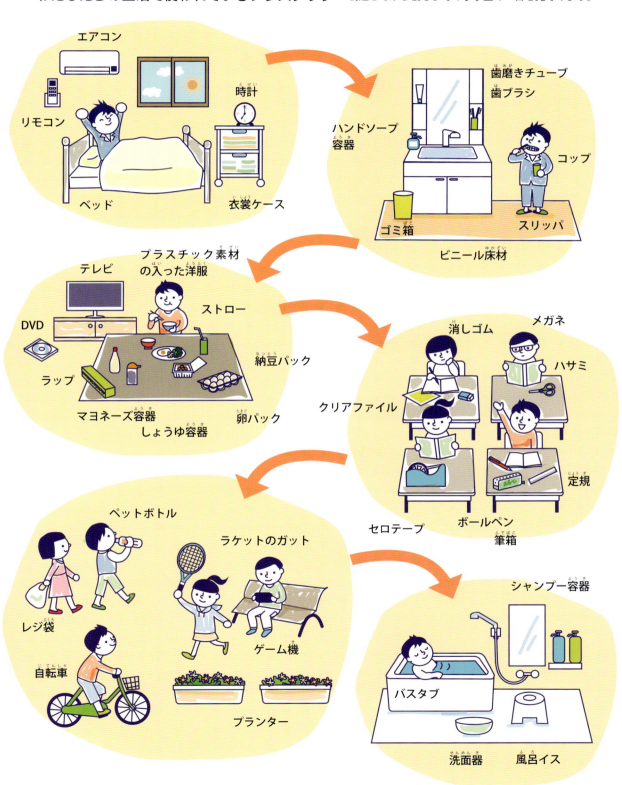

クは、わたしたち人間のすばらしい発明品といってもよいでしょう。問題は、それが使い終わってごみになったときです。回収して工場でリサイクルしたり、燃やしたり、きちんと整備されたごみ捨て場にうめたりする必要があります。そうしなかったポイ捨てのようなプラスチックごみは、なくならずにいつまでもプラスチックのまま、地球をよごし続けます。

プラスチックごみは海に流れこむ

きちんと回収されずに、そのへんに放り出されたプラスチックごみは、どこへ行くのでしょう。それが海です。

海には、毎年800万トン以上のプラスチックごみが流れこんでいるとみられています。このままだと、2050年には、プラスチックごみの重さが、海にいる魚全部の重さをこ

● 海を汚していたのは、わたしたちだった！

えてしまうという報告書もでています。「海は魚の世界」ではなく、「海はプラスチックごみの世界」になってしまうのです。

川を通って海に出る

たとえば、みなさんが、これは絶対にしてはいけないことですが、レジ袋を道ばたに捨てたとしましょう。レジ袋はふつう「ポリエチレン」という軽いプラスチックでできています。風に飛ばされ、道路を走る自動車にひかれて、小さくさけるものもあるでしょう。

雨が降ると、レジ袋のかけらは、雨水といっしょに道ばたのみぞに流れこみます。それが他の下水といっしょになって処理場に送られることもあれば、そのまま川に流れ出ることもあります。川の流れの行き先は海です。こうしてプラスチックごみは、海に流れこみます。

河原には、たくさんのペットボトルやレジ袋が流れ着いている場所があります。台風による大雨などで水かさが増せば、これらは流れて海に出てしまいます。

プラスチックのひもでできた魚をとるためのあみのように、使い終わってそのまま海に捨てられるような場合もあります。プラスチックごみは、いろいろな道すじを通って運ばれていきますが、ようするに、きちんと回収されないかぎり、行き着く先は海だということです。

環境省の調査によると、日本の海岸に流れ着いたごみのうち、プラスチックごみは、ごみ全体の9割以上だったところもあります。たくさんのプラスチックごみが海をよごしているのです。

●ごみの集まりやすい海域　海洋を大きくまわる流れの中心部にごみは集まりやすい。このごみの集まりやすい海域を「太平洋ごみベルト」という。

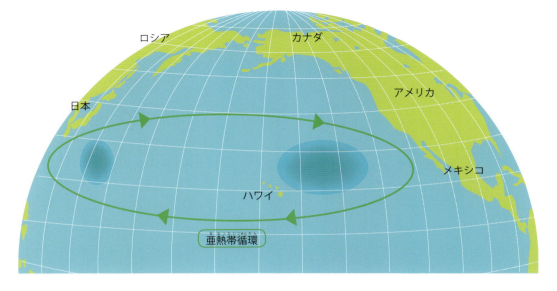

外国からもやってくる

　海には「海流」という流れがあります。ですから、どこかの国から海に流れ出たプラスチックごみは、海流にのって外国にも流れていきます。

　たとえば環境省が2016年におこなった調査では、長崎県五島に流れ着いたペットボトルのうち、日本のものは23％だったのに対し、韓国のものが25％、中国のものも17％ありました。ここの海岸には、日本で捨てたペットボトルと同じくらいの量が、韓国からも中国からも流れてきているのです。

　逆に、日本のプラスチックごみも、外国に向かって流れていきます。太平洋のまんなかにあるハワイの北東沖に、浮いたごみがよく集まる場所があるのですが、ここで日本のプラスチックごみがたくさんみつかっています。

　さきほどもお話ししましたが、海には毎年800万トン以上のプラスチックごみが

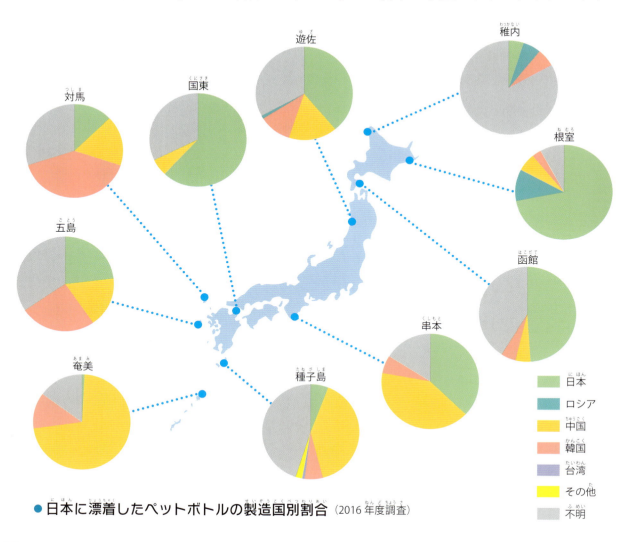

● 日本に漂着したペットボトルの製造国別割合 (2016年度調査)

コアホウドリは、北太平洋の真ん中にあるミッドウェーの島で子育てをする。親鳥は夜間、水面でイカをとらえ、それを口移しでヒナに与える。親鳥が誤ってイカの代わりにプラスチックを飲み込むと、それを与えられたヒナはプラスチックで満腹となり、えさを求めなくなり、死にいたることもあると考えられている。

● コアホウドリの親子とヒナの死骸

流れこんでいます。その多くは、中国、インドネシア、フィリピン、ベトナムなどの東南アジアの国々から出ていると推定されています。それが世界の海に広がっていくのです。

生き物を苦しめるプラスチックごみ

漁で使うあみは、ほとんどがプラスチックでできています。このあみも、たくさん海に捨てられています。魚やウミガメに、こうしたあみがからみついてしまう被害も報告されています。アシカのように、めずらしいものを見ると遊びたくなる動物の場合は、小さな子どものころ、プラスチックのひもでできた輪が首にはまってしまい、成長して体が大きくなるにしたがって、首をしだいにしめられてしまうこともあるといいます。

そのほか、海にただようレジ袋を、ウミガメがえさのクラゲとまちがえて食べてしまったり、捨てられたあみで巣をつくった海鳥が、あみにからまって動けなくなってしまうこともあります。

とがったプラスチックを生き物が飲みこめば、内臓にきずがついてしまいます。飲みこんだプラスチックでおなかがいっぱいになってしまい、ほんとうのえさを食べられずに栄養不足になってしまう生き物もいます。

小さくくだけた
マイクロプラスチック

石垣島の海岸のマイクロプラスチックごみ

海に出たプラスチックは、太陽の光をあびることですこしずつもろくなり、海の波や海岸の砂にもまれて、しだいに小さくなることがあります。大きさが5ミリメートルより小さくなったプラスチックを「マイクロプラスチック」といいます。「マイクロ」は、とても小さいという意味です。

いま、この海のマイクロプラスチックが、大きな問題になっています。その理由はふたつあります。ひとつは、これだけ小さくなると、海岸をそうじして取り除いたり、海にただようものを回収したりすることは、もうできなくなります。もうひとつは、マイクロプラスチックを魚などがえさとまちがえて食べてしまい、その魚を、もっと大きな魚や人間が食べることで、この小さなプラスチックごみが地球の生き物全体の体内に広まってしまうことです。

プラスチックごみは人間が出すものですから、マイクロプラスチックも、人が多く住んでいる陸地のそばの海でたくさんみつかります。日本近海では、世界平均の約30倍のマイクロプラスチックがみつかっています。そして、人がほとんどいない南極の海や北極の海でもマイクロプラスチックは確認されています。マイクロプラス

● マイクロプラスチックが作られ、沖へ出ていくしくみ

チックは、すでに世界の海すべてに広がっていると考えるべきでしょう。

すでに生き物の体からもみつかっている

マイクロプラスチックは、小さな魚がえさにする動物プランクトンとよく似た大きさです。実際に海の生き物を調べてみると、イワシや貝などの体内からみつかっています。

小さな生き物を大きな生き物が食べ、それをもっと大きな生き物がえさにする「食べる・食べられる」のつながりを「食物連鎖」といいます。この食物連鎖で、マイクロプラスチックは、海の生き物全体に広がっていきます。

スーパーや市場で食品として売られている魚や貝からも、マイクロプラスチックはみつかっています。これを人間が食べるわけです。人間が出したはずのプラスチックごみが、まわりまわって人間の体内にまで入ってくるわけです。どうやって入ってきたのかははっきりしませんが、実際に、人間の便からもマイクロプラスチックはみつかっています。

●体内からマイクロプラスチックが出てきたカタクチイワシ

2015年、東京湾でとったカタクチイワシ64尾中49尾の消化管の中からマイクロプラスックが出てきた。

●有害物質を取り込むマイクロプラスチック

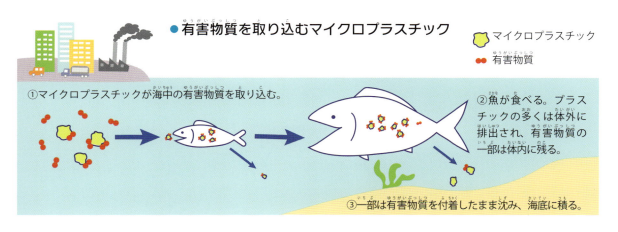

①マイクロプラスチックが海中の有害物質を取り込む。
②魚が食べる。プラスチックの多くは体外に排出され、有害物質の一部は体内に残る。
③一部は有害物質を付着したまま沈み、海底に積る。

マイクロプラスチックは有害なのか

プラスチックそのものは、生き物の体にはほとんど害はないと考えられています。もしマイクロプラスチックを人間が食べてしまっても、消化されずに便として体から外に出てきます。

ただし、プラスチックには、軟らかくしたり燃えにくくしたりするために、特殊な成分がまぜられています。マイクロプラスチックが大量に生き物の体に入れば、その成分が溶けだして、体に悪い影響を与えるのではないかと心配されています。

また、プラスチックは、海をただよっているうちに、海水中の有害物質を表面に吸

赤潮と青潮

海のよごれと関係のある現象に「赤潮」と「青潮」がある。

わたしたちの生活から出るよごれた水や農業で使った肥料などが、川を通して海に流れこんでしまうことがある。これらにふくまれている栄養分で植物プランクトンが異常に増えてしまう現象が赤潮だ。海水が赤くそまったように見えるのは、プランクトンの色だ。

湖や沼の水が緑色のペンキをまぜたように変色する「アオコ」も、緑のプランクトンが増えすぎた結果だ。これも、赤くはないが赤潮の一種だ。

赤潮は、魚のえらにつまったり、海水中に溶けている酸素を減らしてしまったりして、生き物を死なせてしまうこともある。

東京湾などでしばしば発生する「青潮」は、まったくの別物だ。赤潮の発生などで大量のプランクトンが死に、そのとき発生する「硫化水素」という物質が原因となってできる色だ。プランクトンの色ではない。

愛知県蒲郡市西浦半島に発生した赤潮（1990年）

東京湾千葉市の沿岸に発生した青潮（2017年）

プラスチックごみにおおわれたハワイ島のカミロビーチ

いつけてしまうことがあります。実際に、「ポリ塩化ビフェニル」という有害物質を吸いつけた海のプラスチックごみも確認されています。

　プラスチックごみが海の有害物質をどれくらい吸いつけるのか。それが生き物の体にどれくらい入り、どのような悪い影響を与えるのか。こういった研究はまだまだ不足していて、正確なことはよくわかっていないのが現状です。いまのところ、そう大きな影響はないとみられていますが、これから海のプラスチックごみは増えていくのですから、研究を続ける必要があります。

できることから始めてみよう

　いま海は、プラスチックごみでどんどんよごれています。それをできるだけ防ぐには、プラスチックを使う量を減らすことが大切です。

　日本は、一人が捨てるプラスチックごみの量が、アメリカに次いで多い国です。わたしたちがまずできるのは、レジ袋や飲み物のペットボトルのように、いちど使うとごみになってしまうプラスチックを、できるだけ使わないようにすることです。買い物に行くときは自分のバッグを持っていっ

たり、水筒に水を入れて持ち歩いたりすれば、そのぶんだけプラスチックごみを減らすことができます。

すでに、プラスチックストローの使用をやめるコーヒーの店、リサイクルしたプラスチックで飲み物をつめるペットボトルを作る予定の飲料メーカーなどがでてきています。一人ひとりがむだなプラスチックを使わないようにし、こうした会社がみんなの気持ちをくみとって製品づくりに生かせば、社会全体がすこしずつ変わっていくはずです。

豊かな海をこれ以上プラスチックごみでよごさないための出発点になるのは、みなさん一人ひとりの心がけなのです。

タイの赤ちゃんジュゴン「マリアム」の死

タイの浜辺で保護された絶滅危惧種のジュゴンの赤ちゃんは、「マリアム」と名づけられていた。アラビア語で「海の女性」を意味する。2019年8月17日、タイの環境保護局は、彼女が腹部に入った海洋プラスチックごみによる炎症などで死んだと発表した。4か月前に保護され、係員に愛らしく鼻をすり寄せる写真が一気に拡散して人気者になっていたが、再び保護されたときには、えさを食べることもできず、体重が激減していたという。獣医師によると、腸の中から少量のプラスチック片が見つかっている。誤って食べて、おなかにつまり、炎症とガスが増えたことが検視で分かったという。

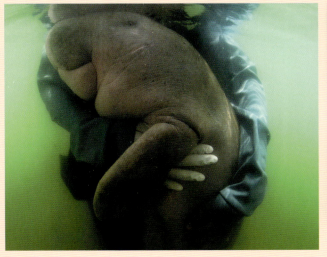

有害物質による海洋汚染

　プラスチックとおなじように、わたしたちがつくりだした人工的な有害物質も海をよごしている。

　その代表的な例が「ポリ塩化ビフェニル」という物質だ。同種の物質をまとめて「ＰＣＢ」とよぶこともある。熱に強く電気も通さないので、電気関係の装置などにたくさん使われた。

　ＰＣＢは水にとけにくく脂肪にはとけやすいので、生き物の体に入ると、すこしずつたまっていく。1960年ごろから、川魚が大量に死んだり、野生動物が子どもをつくりにくくなったりする例が報告され、日本では1968年に、ＰＣＢがまじった食用油を使った人たちの皮膚や内臓などに障害がでる「カネミ油症」という事件がおきた。

　日本では、ＰＣＢの製造や使用、輸入を1972年に禁止し、世界の先進国の多くが1970年代前半に生産をやめた。しかし、それ以前につくられた古い製品にはまだ使われており、きちんと回収されなかったものからＰＣＢがもれだして、海や陸をよごし続けている。

　このＰＣＢが2017年、水深1万メートルの深海にすむ「ヨコエビ」という生き物の体からも高い濃度で発見された。

　ＰＣＢはわたしたちが陸上でつくりだしたものなので、もともと海にはない物質だ。それがどのようにして深海の生き物の体にまで入りこんだのかは、はっきりわかっていない。海面をただようＰＣＢはマイクロプラスチックの表面に吸いつくので、それを小さな生き物が食べ、死んだ体がやがて分解されながら海底に沈んで、このような深海生物のえさになった可能性もある。

　人間がつくりだした有害物質が、地球の海全体に広がってしまったことを物語る例だ。

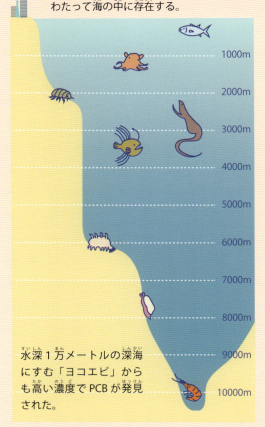

PCBは自然に分解されない物質なので長期にわたって海の中に存在する。

水深1万メートルの深海にすむ「ヨコエビ」からも高い濃度でPCBが発見された。

第2章

海が温まっている

地球は暖まり続けている

　海の病気としてつぎにお話ししたいのは、地球温暖化で海が温まってしまっていることです。

　まず、地球温暖化について説明しましょう。

　地球の気温はいま上がり続けています。気象庁の報告書によると、20世紀のはじめから現在まで、世界の平均気温は100年あたり0.7度の速さで上昇しています。

　そして、これからは、さらに速いスピードで気温が上がると予想されています。世界の国々が参加する国際連合の「気候変動に関する政府間パネル（IPCC）」のまとめによると、このままの状態が続くと、今世紀の終わりころには、平均気温が今世紀はじめにくらべて4度くらい上がります。

　このように地球の平均気温が上がってい

氷河のとけるペースが速まっている。

くことを「地球温暖化」といいます。地球温暖化が進むと、気温が上がるだけではなく、激しい雨が増えたり、強い台風が多くなったりすると考えられています。

二酸化炭素が増えすぎた

現在の地球温暖化の原因は、大気中に二酸化炭素というガスが増えすぎたことです。この二酸化炭素をだしたのは、わたしたちです。わたしたちが使う電気を作るのに発電所で石炭を燃やしたり、自動車の燃料としてガソリンを使ったりすると、二酸化炭素がでるのです。わたしたち人間が、こうした便利な生活をするために、世界中でたくさんの二酸化炭素をだしているわけです。

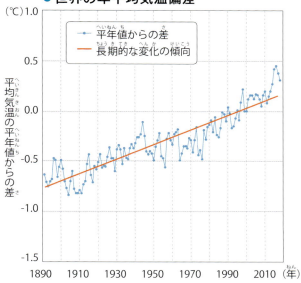

● 世界の年平均気温偏差

平年値とは、1981～2010年の30年間の平均値である。その値との差を1年ごとに表したのが水色の線で、赤は長期的な変化の傾向をあらわしている。

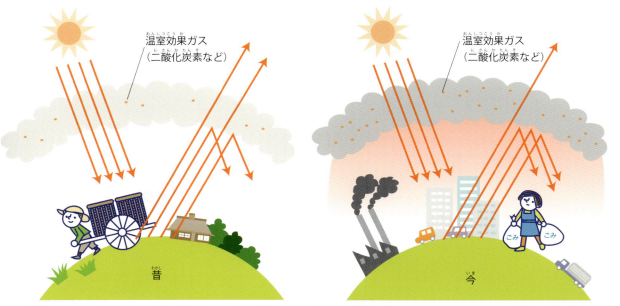

● 地球温暖化のメカニズム

地球をとりまく大気には、二酸化炭素などの温室効果ガスと呼ばれる気体が含まれている。このガスは、太陽の光が暖めてくれた地球表面の熱が宇宙へ逃げるのをつかまえて、人間が生活しやすい温度にしてくれている。しかし、便利な生活を続けて二酸化炭素をたくさん出した結果、温室効果がまし、温度が上昇した。

● 人の活動によって生み出された二酸化炭素排出量

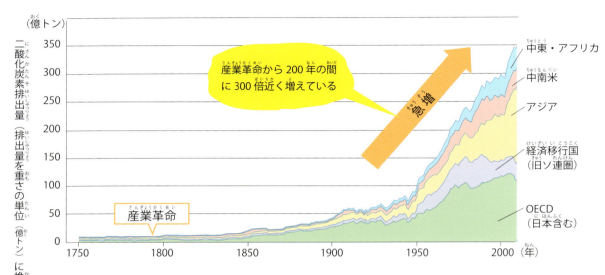

人の活動によって生み出された二酸化炭素とは、石油や石炭などの化石燃料の燃焼やセメントを作るときに生まれる二酸化炭素、森林破壊によって排出される二酸化炭素などをいう。

　大気中の二酸化炭素は、地球の表面から宇宙に逃げていく熱を吸収します。ちょうど、地球に毛布をかけたようなものです。二酸化炭素が増えると、厚い毛布をかけたときのように、熱は地球にこもります。すなわち、地球の気温が上がるのです。

海に大気の熱が入ってしまった

　地球温暖化で温度が上がっているのは、大気の気温だけではありません。海水の温度も上がっています。気象庁のまとめによると、ここ100年ほどの世界の海面水温は、平均すると100年に0.5度の割合で上がっています。日本のまわりはそれより速いペースで上昇していて、100年で1.1度にもなっています。気温とおなじように、

● 世界の年平均海面水温の推移

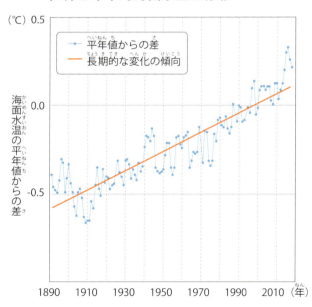

平年値とは、1981〜2010年の30年間の平均値。その値との差を1年ごとにあらわしたのが水色の線で、赤は長期的な変化の傾向をあらわしている。

● 地球の年平均海面水温

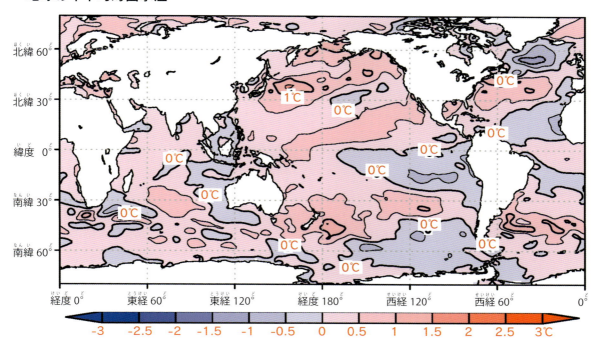

この図は、1981〜2010年の年平均海面水温の平均値と2018年の平均海面水温との差をあらわしている。全体的に水温が上がっていて、日本近海では特に上がっているのがわかる。北極に近いところでも水温が上がっている。

気候変動に関する政府間パネル（IPCC）

　IPCCは、いま世界的な問題になっている地球温暖化について、現在の状況やこれからの予測、社会への影響、食い止める方法などの研究結果をまとめる国際連合の組織である。1988年に発足した。科学者が発表した最新の研究結果をもとに何度も報告書をまとめ、地球温暖化をできるかぎり防止する対策を世界の国々が協力して進めるための資料をまとめている。

　地球温暖化について研究する科学者は世界中にたくさんいて、研究結果についても、すこしずつ食い違いがある。そのままでは、各国の政府がどの結果を信用して温暖化対策を進めればよいかわからないので、地球温暖化研究の全体像を明らかにすることが目的だ。専門家でない人でも報告書の内容がわかるように、「政策決定者向けの要約」も公表されている。2007年にノーベル平和賞を受賞した。

海面水温も日本の近くでは上昇スピードが速いのです。

いまのは海面の話ですが、海のもっと深いところでも水温は上がっています。「気候変動に関する政府間パネル（ＩＰＣＣ）」は、1992年から2005年までに水深3000メートルより深い部分が温まっていることはほぼ確実だと報告しています。とくに南極大陸に近い海では温まりかたが激しく、100年あたり0.3度くらいの速さで水温が上がっていると考えられています。

熱をたくわえる深海

海の深いところの温まりかたは、海面に近い浅い部分の温まりかたよりゆっくりですが、だからといって安心するわけにはいきません。海は深いのです。地球の海の4分の3は、水深が3000メートルより深い海です。海の水は深いところにたくさんあるわけですから、それが温まってしまうのは、海の水の大半が温まってしまうということになります。

第2巻でくわしくお話ししますが、水は空気にくらべて温まりにくく、いったん温まってしまうと冷めにくい性質があります。水はたくさんの熱をたくわえやすいのです。海の水が温まっているということは、地球の熱が宇宙に逃げていかずに、海水の中にたくさんたくわえられているということです。そして、いちど温まった海は、なかなか元にもどりません。そうしているうちに海の熱が大気に伝わり、大気の温度を上げてしまう可能性もあります。

海面が高くなってくる

地球温暖化というと、わたしたちの目は気温に行きがちですが、海が温まってしまうというのは、じつはとても困ったことなのです。そのひとつが、海面の高さが上がってきてしまうことです。

水には、温まると体積が増える性質があります。海水の温度が上がれば水の体積が増えて、海面は高くなります。もうひとつ理由があります。地球の気温が上がると、いまは寒いところにある陸地の氷がとけます。寒くて高い山にある「氷河」とよばれる氷のかたまりや、現在は南極大陸やグリーンランドを厚くおおっ

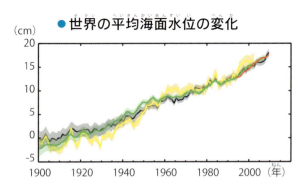

この図は、1900～1905年の平均値を基準とした世界の海面の平均水位の変化をあらわしている。調査のしかたの違いでいろいろな色の線がかかれているが、いずれも上昇を続けている。

ている「氷床」という氷がとけ、そのぶん海の水が増えます。いずれにしても、地球温暖化が進むと、海面は上昇するのです。

この海面上昇は、実際に観測されています。「気候変動に関する政府間パネル（IPCC）」によると、最近は上昇のスピードが速まっていて、1993〜2010年の期間だと100年あたり30センチメートルあまりになります。20世紀に入って、上昇ペースが速まっていて、このまま地球温暖化が進めば、21世紀の終わりころには、世紀のはじめにくらべて60センチメートルくらい海面が高くなると予想されています。

海岸ぞいの低い土地は水びたしに

ふだんの海岸でも1メートル、2メートルの高さの波が来るのだから、海面が60センチメートルくらい高くなっても、べつにどうということもないと思うでしょうか。

けっして、そんなことはありません。波のとどく高さが、つねに60センチメートルもプラスされてしまうということです。これまでは高い波が来てもだいじょうぶだった堤防の上を、波がこえてくるようになるかもしれません。きちんと堤防がつくられていない場所では、満潮の

● 気候変動で沈みゆく島　雨期の満潮時、インドの西ベンガル州、大デルタ地帯（三角州）沿岸のモウスニ島で水没しかけている家に向かう女性。浸水する地域は、毎年、毎月、広く、深くなっていく。

25

●北極海をおおう海氷の変化

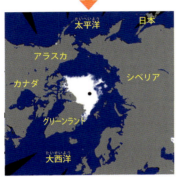

北極海をおおう海氷の面積は、毎年9月にいちばん小さくなる。上の図は1980年代の9月の平均的な海氷の分布である。下の図は、2019年まででもっとも面積が小さくなったときである。

とき海の水が陸に入ってきて、水びたしになってしまうかもしれません。

北極の氷が減った

　南極は大陸ですが、北極は海です。北極の海には氷がういています。「海氷」です。北極の海氷は秋から冬にかけての寒い時期に増え、暖かくなると少なくなっていきます。ここ40年ほどの観測データを見ると、夏の氷も冬の氷も減ってきています。とくに夏に海にういている氷の面積は、ここ40年ほどでおよそ半分になっています。このまま減り続ければ、あと何十年かで夏

北極では海氷がへり、ホッキョクグマの数がへってきている

の北極海には氷がなくなってしまうという予測もあります。

　氷は海の水よりも太陽の光をよく反射するので、もし氷が減ると、そこには海面が現れて、太陽の光をよく吸収するようになります。すると海水の温度が上がって、ますます氷がとけやすくなります。海の氷は、いったん減ってしまうと、ますます減りやすくなるのです。

　また、海の氷は地球の気候にもおおきな影響をあたえます。氷の面積が減ると、海の温度は上がりやすくなり、それが気温が高くなる後押しをしてしまいます。

　地球温暖化では、地球全体の気温がおなじように上がっていくのではなく、上がりかたがはげしいところと、そうでもないところがあります。北極の周辺は、とくに気温の上がり幅が大きい場所です。1980年ごろ以降は、地球全体の平均の2倍をこえる速さで気温が上がり続けています。

● 氷がとけると海水温が上がる

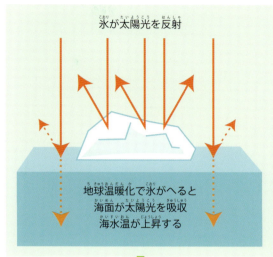

氷が太陽光を反射

地球温暖化で氷がへると
海面が太陽光を吸収
海水温が上昇する

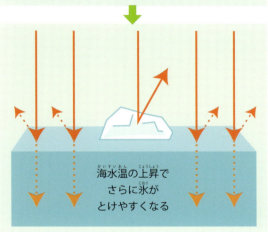

海水温の上昇で
さらに氷が
とけやすくなる

海氷がとけても海面は上がらない

　地球温暖化で気温が上がって陸地の氷がとければ、その水が海に流れこんで海面の水位は高くなるが、海にういている「海氷」がとけても水位は変わらない。

　水はこおると体積が増えるので軽くなる。

　コップにうかべた氷は、頭がすこし水面の上にでている。氷が水より軽いからだ。

　この氷がとけると、ちょうど水面の下にあった部分の体積にもどるので、全体の水の量は変わらず、水面の高さも変わらない。

北極海が船の通り道になる

北極海は、とくに冬のあいだは広く氷にとざされているのですが、このさき氷が減れば、船が通りやすくなります。

北極海に面したロシアの北岸に沿って太平洋と大西洋を行き来すれば、インドの南から紅海、スエズ運河、地中海とおおきく回って航海する場合にくらべて、距離を大幅に減らすことができます。これが「北極海航路」です。

ただし、氷がういている北極海を行く船は、ふつうの船よりじょうぶに作る必要があるので、お金がかかります。また、船を運航するのに欠かせない、天気を予報するしくみやデータが、北極の周辺では不足しています。

いまのところ、この北極海航路を使う船はそう多くはありませんが、このさきの地球温暖化の進みぐあいによっては、もっと行き来がさかんになるかもしれません。

異常気象と極端現象

地球温暖化が進むと、夏にとても暑い日が続いたり、過去にほとんどなかったような大雨が増えたりすると考えられている。このようなあまり例がない天候におそわれると、わたしたちはそれを「異常気象」とよぶことがある。

「異常気象」のほんとうの意味は、30年に1回くらいしかあらわれないめずらしい現象のことだ。10年に1回くらいでは、異常気象とはいわない。そのていどの暑さや大雨はよくあることなので、気象にとっては「異常」ではなく、それが本来の「正常」な姿だからだ。

だが、新聞やテレビでは、とても暑かったり、たくさん雨がふったりすると、ほんとうは異常ではないのに異常気象ということがある。一般の人たちが使う「異常気象」と専門家がいう「異常気象」が食いちがっているのだ。

そこで最近になって使われるようになってきたのが、「極端現象」ということばだ。30年に1回というほどの「異常」ではなくても、「こんな暑い日が続くのはめずらしい」「こんな大雪はここ何年もなかった」といった現象に対して使われている。

2019年、台風19号で増水してはげしく流れる田川（宇都宮市）

● 北極海航路　北極海航路を利用すれば、これまでの南回り航路にくらべて、3割ほど距離が短くなるという。

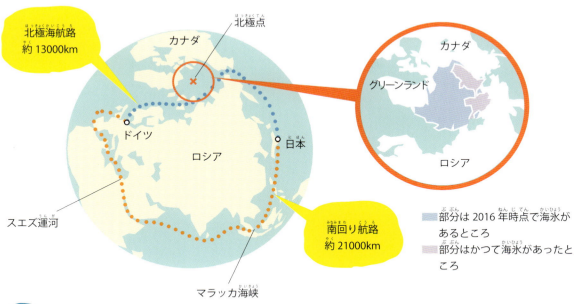

コラム

温室効果ガス

　地球の表面から宇宙に逃げていく熱を吸収する大気中のガス（気体）を「温室効果ガス」という。二酸化炭素のほか水蒸気やメタンも温室効果ガスだ。
　いま進んでいる地球温暖化は、この温室効果ガスが増えすぎたことが原因だ。温室効果ガスのうちで、わたしたちの努力で減らすことができるのは二酸化炭素だけだ。水蒸気は海面から海水がどんどん蒸発して発生するし、メタンは家畜のゲップなどに多く含まれるので、いずれも減らすのがむずかしい。

● 人間の活動によって増えた温室効果ガスの種類別割合（2010年）

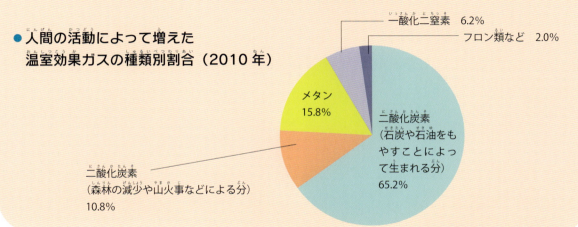

日本海が死の海になる？

　日本海は、日本列島と、その西にある中国やロシア、韓国などに囲まれた海です。いちばん深いところは約3800メートルです。そしていま、2500メートルより深い部分で、海水にふくまれる酸素が減り続けています。酸素がうんと少なくなれば、魚やカニなどは生きていけなくなってしまいます。生き物がいない「死の海」です。

　海水の酸素は、大気にふくまれている酸素が海面を通してとけこんだものです。ですから、深いところの海水より、海面に近いところの海水のほうが、酸素をたくさんふくんでいます。

　日本海の場合は、冬に北西から冷たい季節風が吹いてくるので、海面が冷やされて、重くなった海水が沈んでいきます。この海水には酸素がたくさんふくまれています。日本海では、こうして冬に深いところまで酸素が運ばれていくのです。

　その酸素が、深いところで減ってきています。30年で1割も減る速いペースです。それと同時に、深海の水温も上がってきています。

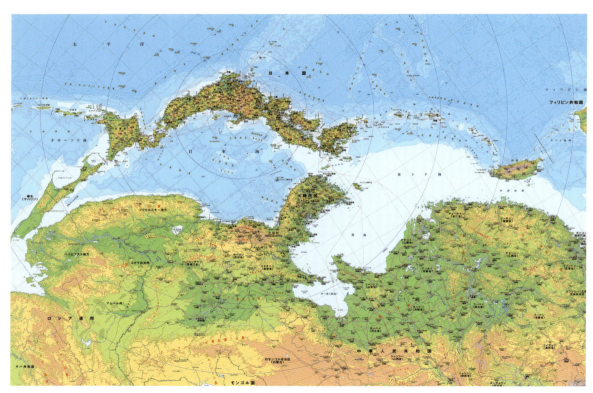

●日本海はこんな海（「環日本海・東アジア諸国図」（通称「逆さ地図」））

日本海が外海とつながっているのは、南から対馬海峡、津軽海峡、宗谷海峡、間宮海峡の4か所だけで、しかも海峡はみな水深が浅い。つまり、日本海は閉じた海である。

海水が深海に届かない

　なにがこのような現象をひきおこしているのでしょうか。

　考えられるのは、地球温暖化の影響です。地球温暖化で気温が上がって、日本海に吹いてくる冬の季節風があまり冷たくなくなれば、海面がじゅうぶんに冷やされず、海水の沈みかたも弱くなります。したがって、深いところまで酸素が運ばれにくくなります。日本海に面したロシアのウラジオストクでは、実際に冬の気温が上がってきています。

　海水の沈みこみは、1960年代からかなり弱まっていることもわかっています。酸素をたくさんふくんだ海水が、海底の近くまできちんと届いていないのです。

　日本海は、太平洋や大西洋にくらべると小さな海です。そのため、地球温暖化の影響が他の海より早くあらわれる可能性があ

コラム　海氷と流氷

　「海氷」というのは海水がこおってできた氷のこと。こおるとき塩分は水の側においてくるので、海氷はほとんど真水でできている。

　「流氷」というのは、水面にういてただよっている氷のこと。沖に出ていった海氷は流氷とよばれるし、川でできて海に流れこんだ流氷もある。

バルト海の流氷

● 大陸からの冬の季節風が海面を冷やす

冬の季節風により海面が十分に冷やされ、酸素をたっぷり含んだ海水は深く沈む。

冬の季節風があまり冷たくなくなれば、海面が十分に冷やされず、酸素を含んだ海水が深海まで届かない。

31

ります。日本海のできごとは、やがて他の大きな海でもあらわれるかもしれません。わたしたちは日本海の異変を注意深く見守っていく必要があるのです。

高水温でサンゴが死んでしまう

　色とりどりの魚をはじめ、さまざまな生き物たちが集まってくるサンゴ礁をつくるサンゴは、温かい海に生息している動物です。石のようにかたい骨を自分でつくりだし、その上で生活しています。

　サンゴの体の中には、「褐虫藻」という小さな生き物がいます。褐虫藻は、陸上の植物とおなじように、太陽の光を使って自分で栄養分をつくりだしています。このはたらきを「光合成」といいます。褐虫藻が生きていくには太陽の光が必要なので、サンゴ礁ができるのは、太陽の光が届く水深の浅いところだけです。

　サンゴが生きていくのに適した水温は25〜28度くらいです。夏場の水温が30度をこえるような期間が長く続くと、死んでしまいます。

サンゴの「白化」

　水温が30度をこえるようになると、サンゴの体からはこの褐虫藻がいなくなり、白っぽい色になってしまいます。これをサンゴの「白化」といいます。サンゴは体内の褐虫藻から栄養をわけてもらっているの

白化したサンゴ

で、こうなると、サンゴはもう生きていられません。

実際に、海の水温が世界的に高かった1997年から1998年にかけて、アメリカの東海岸にあるフロリダ、西海岸のカリフォルニア湾、豊かなサンゴ礁で有名なオーストラリアのグレートバリアリーフのほか、インド洋の各地でも白化が報告されました。日本でも、沖縄から紀伊半島にかけて白化がみられました。海水温はいつもより1〜4度くらい高めだったことが、人工衛星からの観測でわかっています。

このときの白化と地球温暖化との関係ははっきりしていませんが、微妙な水温の変化がサンゴの育ち方に影響することはたしかです。魚でも、たとえばタラが水温の変化で別の場所に移動してしまったり、イワシのとれる量が水温と関係したりしています。自然界の生き物は、すんでいる場所の気温や水温の変化に敏感です。地球温暖化では、生き物の多い海の浅い部分で水温がとくに速く上がってきているので、その影響が心配です。

● サンゴ礁をつくる「造礁サンゴ」の体のしくみ

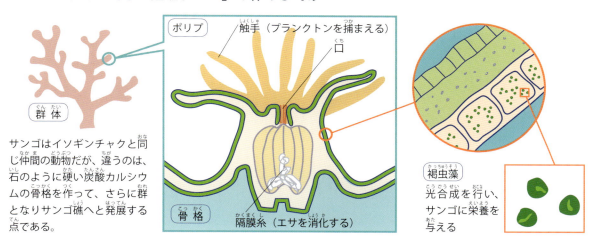

● サンゴの分布と1998年の白化の分布

1997〜1998年、世界的に海水温が高くなり、大規模な白化がおこった。

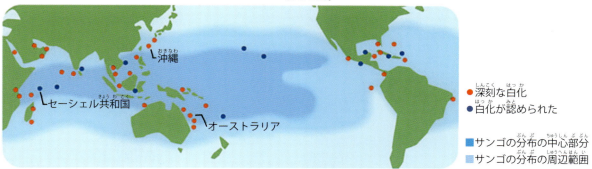

第3章
海が酸性化している

わたしたちが
海の生き物だったら……

　もし、わたしたち人間が海で暮らす生き物だったら、地球温暖化より海の「酸性化」のほうが大きな問題になっていたでしょう。これから、その海の酸性化のお話をしていきます。

　海の酸性化も地球温暖化も、原因はおなじです。わたしたちが便利な暮らしをするために、石炭や石油をたくさん燃やしたり、森の木を切って燃料にしたりして、二酸化炭素というガスを大気中にたくさん出していることです。

大気中に二酸化炭素がたくさんたまって地球の気温を上げてしまったのが地球温暖化です。これは第2章でお話ししました。
　大気中の二酸化炭素が増えると、大気から海にとけこむ二酸化炭素も増えます。二酸化炭素は、真水にとけると酸性になります。海は、もともといろいろな物質がとけているので、ややアルカリ性になっています。その海に二酸化炭素がよけいにとけこんで、アルカリ性がすこし中性に近づいてしまう。それが海の酸性化です。海が酸性になってしまうわけではありません。

● なぜ、海が酸性化するの？

人間の活動によって生まれる二酸化炭素のおよそ3分の1は海に取り込まれる。二酸化炭素は水にとけると酸性になるので、海の二酸化炭素が増えると、本来アルカリ性だった海水が中性に近づく。それを酸性化という。

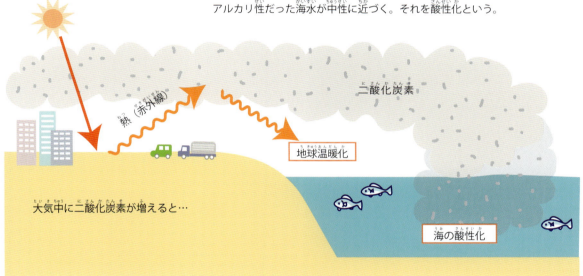

● 大気中と海水中の二酸化炭素濃度の推移

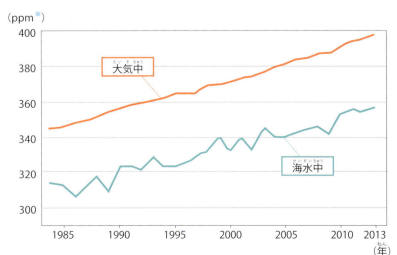

大気中の二酸化炭素濃度の増加に応じて海水中の二酸化炭素濃度も増えていく。

※ ppm という単位は、おもに大気汚染物質の濃度などを表す。100万分率といい、100万分のいくらであるかという割合を示す。ある気体の濃度1ppmとは、体積1m³の部屋に、その気体が1cm³存在することを示している。

35

● 海洋の表面海水中のpHの推移

この図は、1997年と2017年の表面海水中のpHをあらわしている。色が暖色系であるほどpHの数値が低く、酸性化が進んでいることがわかる。

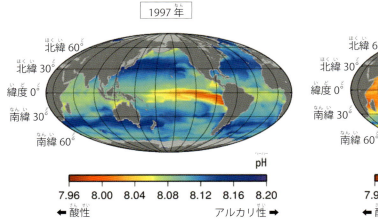
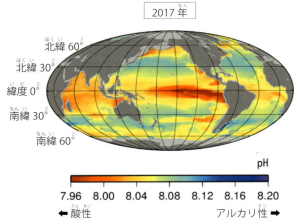

「pH」が下がっている

　水の酸性・アルカリ性の度合いを示すのに、「pH」という数字がよく使われます。英語の発音で「ピー・エイチ」と読んだり、ドイツ語式に「ペー・ハー」と読んだりします。中性の場合はpHが7で、それより数字が小さいと酸性、大きいとアルカリ性です。
　海の水はややアルカリ性でpHは8くらいです。海面付近の海水は、わたしたちが石炭や石油を大量に使いはじめた18世紀ごろにくらべて、pHは0.1くらい下がっているとみられています。数字のうえでは小さいようですが、pHは、実際には大きな変化でも小さな数字の変化として表すように決められているので、じつは、0.1の変化は、けっして小さいとはいえないのです。

貝がらをつくりにくくなる

　海の酸性化が進むと、貝などのようにかたい「から」をもつ生き物に悪い影響がでると考えられています。
　貝の「から」は炭酸カルシウムという物

● 海が酸性化すると、ウニの成長が悪くなる

卵から育ったムラサキウニの「幼生」(赤ちゃん)を300ppmという産業革命以前の二酸化炭素濃度の海水で育てた場合と現在よりもっと高濃度の600ppmの海水で育てた場合の比較。明らかにあしの長さに違いが生まれた。

300ppm

600ppm

● 正常のミジンウキマイマイ（左）と酸性化させた海水で飼育されて「から」が溶けていくミジンウキマイマイ（右）

質でできています。海水に溶けているカルシウム分などを原料にしてつくるのですが、海水中の二酸化炭素が多くなると、炭酸カルシウムができにくくなります。

「から」をもつのは、貝だけではありません。ウニは、生まれたてのころは、体の外側を炭酸カルシウムのからでおおった小さな動物プランクトンとして海をただよっています。二酸化炭素をたくさん含んだ海水で生まれたてのウニを育てる実験をすると、正常な形に育たなくなる場合がありました。海の酸性化は、とくにこのような生まれてまもない生き物にたちに悪影響をおよぼすといわれています。

小さなプランクトンのなかには、このほかにも炭酸カルシウムのからをもつものが多くいます。これらは、魚のえさにもなるので、海の生き物全体を支える大切な生き物たちです。海の酸性化が進んでプラン

クトンに影響がでれば、その影響は海の生き物に広くおよんでしまうのかもしれません。

サンゴの種類が変わってしまう

将来、大気中に二酸化炭素が増えて、それがたくさん海にとけこんだのとおなじような状態になっている海があります。それは、二酸化炭素を多くふくんだ火山ガスが海底からふきだしている場所です。ふきだし口から遠い場所は現在の海、近いところは、二酸化炭素が多く酸性化が進んでしまった将来の海と考えることができるのです。

沖縄本島の北にある硫黄鳥島に、そのような場所があります。観察してみると、そこにすむサンゴは、ほんとうに二酸化炭素の量の影響を受けていました。

第2章でお話ししたように、サンゴの仲

間には、石のようなかたい骨を自分でつくり、その上に乗っかってくらしているものがいます。サンゴの一つひとつは小さなものですが、それが集まって大きな岩のようになった地形をサンゴ礁といいます。この種類のサンゴを、サンゴ礁をつくるサンゴという意味で「造礁サンゴ」とよびます。

硫黄鳥島の火山ガスの影響がほとんどない場所では、サンゴのほとんどはこの造礁サンゴでした。つまり、そこは本来がサンゴ礁の海なのです。

ところが、二酸化炭素の量が現在の2倍くらいになっている場所では、造礁サンゴの割合は減って、かたい石のような骨をつくらない「ソフトコーラル」が半分くらいに増えていました。そして、二酸化炭素が4倍くらいになっているところには、どちらのサンゴもいなくなっていました。

さきほどお話ししたように、海水中に二酸化炭素が増えて酸性化が進むと、生き物は炭酸カルシウムの「から」をつくりにくくなります。サンゴの骨も、この炭酸カルシウムでできています。そのため、二酸化炭素の多い場所では、かたい骨をつくって生きていく造礁サンゴへの悪い影響が強くあらわれたのだと考えられています。

サンゴ礁の「多様性」が失われる

伊豆諸島の式根島にも、海底から火山ガスがふきだしている場所があります。ここは、二酸化炭素の量が少ない「黒潮」という海流が近くに流れていて、もともと二酸

● **硫黄鳥島の2種類のサンゴ** 沖縄県硫黄鳥島の健全なサンゴと二酸化炭素の影響を受けて変化してしまった「ソフトコーラル」と呼ばれるサンゴ。

健全なサンゴ

ソフトコーラル

● 伊豆諸島式根島で見られる2種類の海

赤で示した御釜湾では火山ガスが海底より噴出し、海は二酸化炭素が多く、海底には小型の海藻がたくさん張り付いている。海の酸性化がこのまま進むと、こんな光景が普通になるかもしれない。
右側の青で示した地域の海は、二酸化炭素濃度の低い海。サンゴや大型の海藻も見られ、小魚も集まっている。

御釜湾

化炭素が少なめの海です。ですから、大気中に二酸化炭素が少なかった「むかしの状態」、世界的にみた場合の平均的な「現在の状態」、そして酸性化が進んでしまった「未来の状態」の海を比較できます。

「むかし」の海には、サンゴや海藻など多くの種類の生き物が暮らしていて、そこに魚たちも集まってきていました。サンゴなどが魚のかくれがになるからです。ところが、「現在」になるとサンゴが減ってきて、二酸化炭素の多い「未来」の海で目立ったのは、海底にじゅうたんのように張りついた海藻でした。これではもう魚は寄ってきません。

いろいろな種類の生き物が集まっている度合いを、生物の「多様性」といいます。生き物の世界では、それぞれがおたがいに助け合って生活しており、多様性がとても大切です。それが海の豊かさを支えています。海の酸性化が進むと、この多様性が減ってしまう可能性があります。

サンゴは北と南から
はさみうちにされる

いまお話ししたように、海の酸性化が進むと、サンゴは減ってしまうとみられています。第2章では、海の水温が高くなると、

39

やはりサンゴは死んでしまうというお話をしました。大気中に二酸化炭素が増えると、サンゴは地球温暖化と酸性化の両方の影響を受け、その結果、いろいろな生き物たちが集まるあのにぎやかなサンゴ礁をつくるサンゴは、日本近海からいなくなってしまうかもしれないという予測があります。

水は、水温が低いほど、たくさんのガスがとけこむことができます。そのため、大気中の二酸化炭素が増えた場合、寒くて水温の低い北のほうの海ほど、早い時期に酸性化が進みます。二酸化炭素の量がしだいに増していくと、酸性化した海域は、北から南に広がっていくわけです。

一方、サンゴが苦手な高い水温の海は、地球温暖化の進行とともに、それとは逆に南から北に広がっていきます。

ですから、サンゴは北からは酸性化、南からは地球温暖化ではさみうちにされ、生きていられる場所がなくなっていきます。今世紀の後半には、日本の近くから姿を消してしまう可能性もあります。

サンゴ礁というのは、サンゴが自分の骨でつくりだした、岩のようにみえる地形です。ここには、たくさんの種類の魚たちも集まってきます。温かい海は、ふつうは栄養分が少なくて生き物もあまりいないのですが、サンゴ礁では、生きたサンゴを中心にした独特のにぎやかな生態系ができあがっています。

もし海の酸性化と地球温暖化でサンゴ

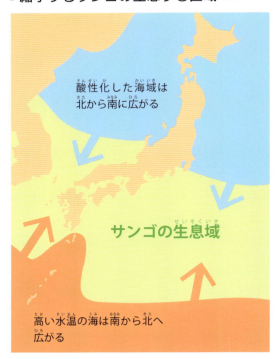

● 縮小するサンゴの生息する区域 （イメージ）

酸性化した海域は北から南に広がる

サンゴの生息域

高い水温の海は南から北へ広がる

が死んでしまえば、サンゴがつくりだした岩のような地形は残りますが、そこにはもう豊かな生態系はありません。

生き物の予測はむずかしい

酸性化や地球温暖化で海の環境が変われば、そこにすむ生き物たちに影響がでることはまちがいないでしょう。ですが、どういう影響がでるのかを正確に予測することは、現在の科学でも、とてもむずかしいことです。

その理由のひとつは、生き物たちは、その場の環境や他の生き物と複雑に関係しあいながら生きていることです。たとえば、酸性化の度合いや水温がよく似ている海

でも、場所によって、すんでいる生き物や生態系がおおきく異なる場合があります。酸性化や地球温暖化のほかにも、生態系をがらりと変えてしまう原因はいろいろあるということです。

また、生き物には、たとえその場の環境が悪くなっても、なんとか生き延びる強いものがでてくる可能性があります。それが子孫を残せば、その生き物は死にたえずにすみます。こうした生き物の強さは、将来の予測をするとき、うまく考えに入れることができません。

また、研究室の水そうで行った実験の結果が、そのまま実際の海にあてはまるとはかぎりません。

ですから、海の酸性化や地球温暖化で生き物にどう変化がでるかを科学的に予測しても、どうしてもはっきりしない点が残ります。しかし、だからといって、いまのまま、わたしたちがたくさんの二酸化炭素をだしつづけてもかまわないということにはなりません。気づいたときには手遅れだったということにならないように、地球環境に注意深く目を向けておくことが大切です。

酸性化が進む北極海

水温が低い北極海では、その一部で、貝などが「から」をつくりにくくなるほどの酸性化が、すでに進んでいる。

太平洋とつながっているチャクチ海を2012年の夏から2014年の夏まで調べたところ、1年のうち8か月前後も、「から」をつくりにくい状態になっていた。このまま酸性化が進めば、今世紀の後半には、ほぼ1年を通じてこの状態が続いてしまう可能性があるという。

一方で、不思議なこともある。このチャクチ海の海底に、二枚貝が大量にいることだ。まもなくいなくなってしまうのか、なにかの理由で、ここでも生きていられるのかは、はっきりしない。

日本近海でも、北極海のような酸性化は、いずれ現実のものになると考えられている。だからこそ、北極海の生き物たちが酸性化の影響をどのように受けるのかを調べておくことは、とても大切なのだ。

北極観測に向かうカナダの砕氷船ルイサンローラン号

図版出典 （敬称略）

第1章 | 海がプラスチックごみでよごれている

P.4　●ひまわり9号がとらえた地球
気象庁ホームページ（https://www.jma-net.go.jp/sat/himawari/first_image_h9.html）より。

P.8　●世界の年間プラスチック生産量と予測
参考情報：ＷＷＦジャパンウェブサイト「海洋プラスチック問題について」より作成。

P.11　●ごみの集まりやすい海域
気象庁ホームページ（https://www.data.jma.go.jp/gmd/kaiyou/db/obs/knowledge/circulation.html）、「環境省 平成29年度漂着ごみ対策総合検討業務」等を参考に作成。

P.12　●日本に漂着したペットボトルの製造国別割合 (2016年度調査)
「環境省,2017,平成28年度漂着ごみ対策総合検討業務報告書」より作成。

P.13　●コアホウドリの親子とヒナの死骸
提供：NPO法人ＯＷＳ

P.14　●石垣島の海岸のマイクロプラスチックごみ
提供：九州大学磯辺篤彦
●マイクロプラスチックが作られ、沖へ出ていくしくみ
『クジラのおなかからプラスチック』（保坂直紀著、旬報社刊、2018年）P.102-103を元に作成。

P.15　●体内からマイクロプラスチックが出てきたカタクチイワシ
写真提供：東京農工大学 高田秀重
●有害物質を取り込むマイクロプラスチック
「環境省 平成29年度漂着ごみ対策総合検討業務」等を参考に作成。

P.16　●愛知県蒲郡市西浦半島に発生した赤潮（1990年）
提供：愛知県水産試験場
●東京湾千葉市の沿岸に発生した青潮（2017年）
写真：©カズキヒロ

p.17　●プラスチックごみにおおわれたハワイ島のカミロビーチ
提供：朝日新聞社

P.18　●タイの赤ちゃんジュゴン「マリアム」の死
写真提供：AFP＝時事

第2章 | 海が温まっている

P.20　●氷河のとけるペースが速まっている
画像提供：日経ナショナル ジオグラフィック社

P.21　●世界の年平均気温偏差
気象庁ホームページ（https://www.data.jma.go.jp/cpdinfo/temp/an_wld.html）より作成。

P.21　●人の活動によって生み出された二酸化炭素排出量
「IPCC 第5次評価報告書」より作成。
●世界の年平均海面水温の推移
気象庁ホームページ（https://www.data.jma.go.jp/gmd/kaiyou/data/shindan/a_1/glb_warm/glb_warm.html）より作成。

P.23　●地球の年平均海面水温
気象庁ホームページ（https://www.data.jma.go.jp/gmd/kaiyou/data/db/climate/glb_warm/sst_annual.html）より。

P.24　●世界の平均海面水位の変化
気象庁ホームページ（https://www.data.jma.go.jp/gmd/kaiyou/db/tide/knowledge/sl_trend/sl_ipcc.html）より作成。

P.25　●気候変動で沈みゆく島
写真：© Arka Dutta

P.26　●北極海をおおう海氷の変化
　　　提供：JAXA
　　　●北極では海氷がへり、ホッキョクグマの数がへってきている。
　　　画像提供：日経ナショナル ジオグラフィック社
P.28　● 2019 年台風 19 号で増水してはげしく流れる田川（宇都宮市）
　　　提供：下野新聞社
P.29　●北極海航路
　　　「北極海航路と従来航路の比較」（『AERA』2018 年 4 月 23 日号）を参考に作成。
　　　●人間の活動によって増えた温室効果ガスの種類別割合（2010 年）
　　　気象庁ホームページ（https://www.data.jma.go.jp/cpdinfo/chishiki_ondanka/p04.html）より作成。
P.30　●日本海はこんな海（「環日本海・東アジア諸国図」（通称「逆さ地図」））
　　　地図作成：富山県
P.31　●海氷と流氷
　　　写真：Pixabay
　　　●大陸からの冬の季節風が海面を冷やす
　　　保坂直紀「小さな大海　知って楽しい海の話」https://www.oa.u-tokyo.ac.jp/enjoy-story/018.html を元に作成。
P.32　●白化したサンゴ
　　　画像提供：日経ナショナル ジオグラフィック社
P.33　●サンゴの分布と 1998 年の白化の分布
　　　国立環境研究所地球環境研究センター『海面上昇データブック 2000』掲載の "Figure3-2-5-1" の図を三菱商事が和文に翻訳して簡略化し
　　　たものを掲載。

| 第 3 章 | 海が酸性化している |

P.34　●サンゴの写真
　　　画像提供：日経ナショナル ジオグラフィック社
P.35　●なぜ、海が酸性化するの
　　　保坂直紀「海が酸性化する　知って楽しい海の話」https://www.oa.u-tokyo.ac.jp/enjoy-story/010.html を元に作成。
　　　●大気中と海水中の二酸化炭素濃度の推移
　　　提供・国立研究開発法人国立環境研究所（NIES）
P.36　●海洋の表面海水中の pH の推移
　　　気象庁ホームページより（https://www.data.jma.go.jp/gmd/kaiyou/shindan/a_3/pHglob/pH-glob.html、
　　　https://www.data.jma.go.jp/gmd/kaiyou/db/mar_env/results/co2_flux/animation/index.html?elm=pH）より。
　　　●海が酸性化すると、ウニの成長が悪くなる
　　　提供：沖縄科学技術大学院大学 諏訪僚太
P.37　●正常のミジンウキマイマイ（左）と酸性化させた海水で飼育されて「から」がとけていくミジンウキマイマイ（右）
　　　撮影：木元 克典／Ⓒ JAMSTEC
P.38　●硫黄鳥島の 2 種類のサンゴ
　　　撮影：東京大学 茅根創
P.39　●伊豆諸島式根島で見られる 2 種類の海
　　　提供：筑波大学生命環境系下田臨海実験センター助教 Sylvain Agostini
P.40　●縮小するサンゴの生息区域
　　　『産経ニュース』の資料を元に作成。
P.41　●北極観測に向かうカナダの砕氷船ルイサンローラン号
　　　写真提供：北見工業大学佐藤功坪

43

● 著者略歴

保坂 直紀 （ほさか・なおき）

サイエンスライター。東京大学理学部地球物理学科卒。同大大学院博士課程（海洋物理学）を中退し、1985 年に読売新聞社入社。地球科学や物理学などの取材を担当。科学報道の研究により、2010 年に東京工業大学で博士（学術）を取得。2013 年に早期退職し、東京大学海洋アライアンス上席主幹研究員などを経て、2019 年から同大大学院新領域創成科学研究科特任教授。気象予報士。著書に『謎解き・海洋と大気の物理』『謎解き・津波と波浪の物理』『びっくり！ 地球 46 億年史』（講談社）、『これは異常気象なのか？』『やさしく解説 地球温暖化』（岩崎書店）、『クジラのおなかからプラスチック』（旬報社）など。

海は地球のたからもの 1
海は病気にかかっている

2019 年 11 月 22 日　初版 1 刷発行

著　者　保坂直紀

発行者　鈴木一行

発行所　株式会社 ゆまに書房

　　　　東京都千代田区内神田 2-7-6
　　　　郵便番号　101-0047
　　　　電話　03-5296-0491（代表）

印刷・製本　株式会社 シナノ パブリッシング プレス

本文デザイン　高嶋良枝

ⓒ Naoki Hosaka　2019　Printed in Japan

ISBN 978-4-8433-5567-1 C0344

落丁・乱丁本はお取替えいたします。

定価はカバーに表示してあります。